自然之美

醉石轩主的三峡雨花石

李保童 著

中国石化出版社
HTTP://WWW.SINOPEC-PRESS.COM

图书在版编目（CIP）数据

自然之美——醉石轩主的三峡雨花石／李宝童著
— 北京 ：中国石化出版社，2010．2
ISBN　978-7-5114-0289-9

Ⅰ．①自…　Ⅱ．①李…　Ⅲ．①雨花石－鉴赏　Ⅳ．①TS933.21

中国版本图书馆CIP数据核字（2010）第020061号

中国石化出版社出版发行
地址：北京市东城区安定门外大街58号
邮编：100011　电话：(010)84271850
读者服务部电话：(010)84289974
http://www.sinopec-press.com
E-mail:press@sinopec.com.cn
北京雅昌彩色印刷有限公司印刷
全国各地新华书店经销
*
889×1194毫米16开本6印张
2010年3月第1版　2010年3月第1次印刷
定价：58.00元

前言

从小就喜欢石头，可能是天生的。

小时候，跟着爷爷等大人们去山里玩，看到满山大大小小的石头总爱琢磨一下像啥东西，看到盆景中的石头造型也是充满了好奇。

中学，一次看展览，里面有各种石制的工具，有的粗糙，有的精细，知道了有旧石器时代、新石器时代，原来人类的历史是与石头息息相关的。看了《红楼梦》，特别想知道自诩为“顽石”的男主人公的那块通灵宝玉到底是个什么样，看《西游记》时也纳闷孙悟空怎么是从石头缝里钻出来的。

上大学时，野外地质实习，又见到了各种化石。并且找到了一块蝴蝶化石，很完整，且有立体浮雕感。地质老师说很珍贵，因为蝴蝶化石很难形成。于是它成了我的第一块化石收藏。大学学的是地球物理专业，毕业后干的是石油勘探（就是在石头里面找油），接触的是岩石矿物，常去的是野外和大自然的环境，喜欢的是中国的历史文化。这几种因素的结合，石头成了我生活中的重要内容之一。

寻石、藏石、赏石在生活中给我带来了无穷的乐趣。工作紧张、压力大时，回家盯着喜爱的石头看上半小时，思想就会得到放松。另外，赏石、玩石还可以陶冶性情。年轻时，我属于外柔内急的那种人，通过赏石，给了我很多的人生启示：什么是永恒，什么是自然，什么是天人合一。现在我遇事要冷静、稳重多了，除了年龄的因素外，也许还有石头的功劳吧。以石会友，也使我结识了不同阶层、不同领域的众多朋友。现在，我的藏石五花八门，有化石、矿物石，还有各种各样的象形石、画面石、文字石。但是我最喜欢的还是我的三峡雨花石（藏品中有少部分是南京地区雨花石）。有些寻石、追石经历，令我终身难忘。说是故事也可以，但它是真实的，在后记中叙述的几个故事，都是我的亲身所历。

雨花石是观赏石世界中的一朵奇葩，被誉为“石中皇后”。有人说雨花石是花形的石,是石质的花，凝天地之灵气，聚日月之精华,蕴万物之风采。也有人总结其主要特征是“六美”：质美、形美、弦美、色美、呈象美、意境美。提到雨花石，我的头脑中浮现的词汇就是：璀璨斑斓、五光十色、多姿多彩、晶莹圆润、玲珑剔透、妩媚绚丽、瑰丽神奇、世间奇珍、包罗万象、四季风情、日月星辰、风雨雷电、飞禽走兽、花鸟虫鱼、亭台楼阁、人物风景、精细奇妙、变幻莫测、匪夷所思、神韵天成、无奇不有、人工难及、美轮美奂、妙不可言、无声的诗、天然的画……。雨花石的矿物成分以二氧化硅为主，其颜色多彩瑰丽是因为含不同的离子或矿物质所致，雨花石是石质为玛瑙、蛋白石、玉髓、石英等成分的卵石。三峡雨花石与南京雨花石在色彩、种类、石质等方面都大致相似，但又有一些区别。三峡雨花石内矿物杂质含量多一些，个体更大，意境丰富，尤以绿色雨花石最为丰富。三峡雨花石，主要产于湖北省宜昌地区流经宜昌、当阳、枝江的玛瑙河流域。

这本书中所收石谱，是我收藏的雨花石藏品的主要部分，也是我家人、亲朋好友多年来容忍我、支持我藏石的结果。该书的出版是对关心、帮助我藏石的同事、朋友的一个交代，也是献给奇石爱好者的一份礼物，美石共赏吧。

醉石轩主

2010年1月

目录

诗情画意

◎ 冰山夕照 5.4cm×4.0cm

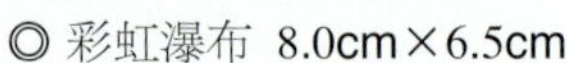

◎ 彩虹瀑布 8.0cm×6.5cm

◎ 补天彩石 8.0cm×6.5cm

◎ 春风吹又生 6.0cm×5.0cm

◎ 东方红，太阳升 5.0cm×4.5cm

◎ 大珠小珠落玉盘 6.5cm×6.0cm

◎ 佛之家园 5.0cm×5.0cm

◎ 飞流直下三千尺 6.0cm×4.5cm

◎ 高尔基的“海燕”8.0cm×7.5cm

◎ 黄果夕照 5.8cm×5.0cm

◎ 红运当头 7.5cm×4.0cm

◎ 万绿丛中一片红 7.0cm×6.5cm

◎ 火山喷发 5.5cm×5.0cm

◎ 地火熔岩 8.0cm×6.0cm

◎ 日月同辉 5.0cm×4.0cm

◎ 蛮荒岁月 8.0cm×6.0cm

◎ 情思依依 7.8cm×6.0cm

◎ 史前时代 9.0cm×8.0cm

◎ 石林风光 7.5cm×6.5cm

◎ 龙宫战云 6.0cm×4.5cm

◎ 晚霞孤鸿 5.5cm×4.0cm

◎ 喜看稻菽千重浪 4.0cm×3.5cm

◎ 只缘身在此山中 11.5cm×5.0cm

◎ 枣林月夜 4.8cm×4.2cm

◎ 碧海白云 5.0cm×4.5cm

◎ 天国仙境 7.5cm×5.5cm

◎ 庐山暮雾 8.0cm×6.5cm

◎ 祥云瑞雾 5.5cm×5.0cm

南北风情

◎ 春风又绿 5.5cm×4.0cm

◎ 冰山晚霞 5.5cm×4.6cm

◎ 北极之光 6.5cm×5.0cm

◎ 北国雪夜 12.0cm×8.0cm

◎ 江南春塘 5.5cm×4.8cm

◎ 北疆之秋 5.0cm×4.0cm

◎ 林海雪原 7.5cm×7.0cm

◎ 离离原草 4.5cm×4.0cm

◎ 南国椰林 7.5cm×6.0cm

◎ 南海夕照 4.5cm×4.5cm

◎ 蓬莱仙境 7.5cm×5.5cm

◎ 莫高石窟 13.5cm×8.0cm

◎ 庐山暮色 5.0cm×3.5cm

◎ 热带雨林 4.5cm×3.5cm

◎ 塞外秋风 10.5cm×7.0cm

◎ 山涧一隅 7.0cm×4.5cm

◎ 沙漠奇观 5.8cm×5.5cm

◎ 烟雨江南 5.5cm×4.0cm

◎ 红海水草 6.0cm×4.5cm

◎ 扬州锁雾 5.3cm×4.5cm

◎ 战地黄花 4.5cm×3.5cm

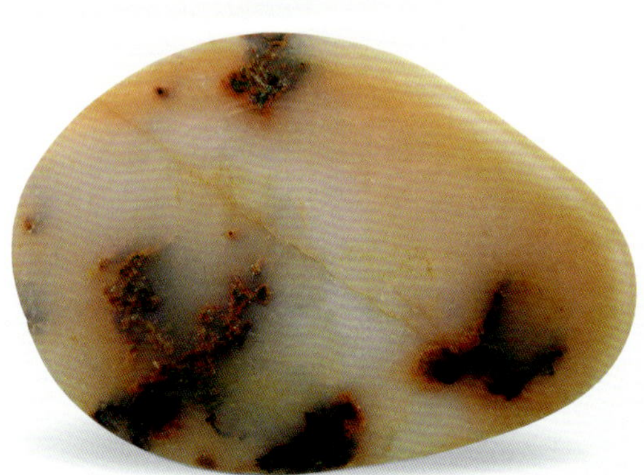

◎ 黄山雾松 6.0cm×5.0cm

四季风光

◎ 春韵 5.0cm×4.0cm

◎ 夏情 5.0cm×4.5cm

◎ 秋思 6.0cm×4.5cm

◎ 冬愁 5.5cm×4.5cm

◎ 二月春早 5.5cm×4.0cm

◎ 腊月冬天 6.0cm×5.5cm

◎ 三月江南 5.5cm×4.5cm

◎ 六月榴花 5.5cm×5.0cm

◎ 八月山雨 6.0cm×4.0cm

◎ 十月金秋 6.5cm×4.5cm

◎ 层林尽染 10.5cm×7.0cm

◎ 春意盎然 9.5cm×7.5cm

◎ 冰雪世界 8.0cm×6.0cm

◎ 秋枫山林 11.0cm×7.0cm

◎ 满园春色 5.0cm×4.5cm

◎ 夏日红花 11.0cvm×7.0cm

◎ 冬雪晶莹 12.0cm×8.0cm

◎ 青山滴翠 10.0cm×8.0cm

◎ 清明时节 7.5cm×6.5cm

◎ 冷湖秋月 5.0cm×4.0cm

◎ 秋风怒号 7.3cm×6.0cm

◎ 江南春梦 4.0cm×3.5cm

◎ 迎春花开 4.5cm×3.5cm

◎ 富士雪山 6.0cm×5.5cm

人物故事

◎ 芭蕾舞女 7.0cm×5.5cm

◎ 白衣仙女 5.5cm×5.0cm

◎ 达摩面壁 6.5cm×5.0cm

◎ 断肠人在天涯 9.0cm×8.0cm

◎ 赶考途中 9.0cm×8.0cm

◎ 佛光 6.0cm×3.5cm

◎ 鉴真东渡 5.0cm×4.5cm

◎ 七仙沐浴 8.0cm×4.8cm

◎ 外星人 3.8cm×3.5cm

◎ 米第拜石 4.5cm×4.2cm

◎ 向往 6.0cm×5.0cm

◎ 玄奘肖像 3.5cm×3.0cm

◎ 一休探险 7.0cm×5.0cm

◎ 八仙过海 5.0cm×4.0cm

◎ 幼稚可爱 9.0cm×5.0cm

百花争艳

◎ 白色玫瑰 4.2cm×4.0cm

◎ 红玫盛开 5.0cm×5.0cm

◎ 国色天香 6.5cm×4.0cm

◎ 海石花 5.5cm×5.0cm

◎ 花之浴 8.0cm×7.0cm

◎ 花团锦簇 4.0cm×3.6cm

◎ 火树银花 8.5cm×6.0cm

◎ 满江桃花 11.0cm×6.5cm

◎ 金盏菊花 4.3cm×2.8cm

◎ 流水落花 7.3cm×6.5cm

◎ 99朵玫瑰 5.4cm×4.0cm

◎ 薰衣草原 5.4cm×4.0cm

◎ 蕊 5.5cm×4.0cm

◎ 山花烂漫 5.0cm×4.5cm

◎ 墨菊 4.5cm×3.0cm

动物世界

◎ 白猫出山 6.5cm×4.5cm

◎ 变色龙眼 4.0cm×3.5cm

◎ 蛋中雏鸟 5.5cm×4.0cm

◎ 水中生物 8.0cm×4.8cm

◎ 水泡金鱼 5.5cm×5.0cm

◎ 海蚌吐红 4.0cm×3.5cm

◎ 红鱼竞游 4.8cm×4.5cm

◎ 红掌小鹅 4.5cm×3.0cm

◎ 猴脸 4.0cm×3.5cm

◎ 甲壳虫 7.5cm×6.0cm

◎ 金猴探林 6.5cm×5.3cm

◎ 金丝猴头 5.0cm×3.5cm

◎ 鲸鱼之眼 6.5cm×5.3cm

◎ 行窃之后 8.5cm×7.0cm

◎ 巨蟒探路 6.2cm×5.0cm

◎ 猎狗之家 4.0cm×3.0cm

◎ 蜜蜂之巢 5.5cm×4.0cm

◎ 墨色龙睛 5.0cm×4.0cm

◎ 牛眼圆睁 3.8cm×3.5cm

◎ 南极主人 4.0cm×2.6cm

◎ 热带红鱼 5.4cm×4.0cm

◎ 神猴出世 5.4cm×4.0cm

◎ 羊之肖像 4.0cm×3.5cm

◎ 水母漂游 5.0cm×4.5cm

◎ 天狗吠月 7.0cm×5.0cm

◎ 小熊猫 3.0cm×3.0cm

鬼斧神工

◎“除”我最大 5.5cm×5.0cm

◎“小石子”3.5cm×3.0cm

◎ 病毒显微 3.5cm×3.0cm

◎ 不明飞行物 4.5cm×4.0cm

◎ 缠丝玛瑙 5.5cm×4.5cm

◎ 长城烽火 8.7cm×7.0cm

◎ 沉积纹理 5.0cm×4.5cm

◎ 沉积之谜 6.0cm×5.5cm

◎ 狗头黄金 7.8cm×6.0cm

◎ 鬼脸 3.5cm×3.5cm

◎ 金囤银米 4.5cm×4.0cm

◎ 混沌之初 6.5cm×4.5cm

◎ 红宝嵌金 6.6cm×5.0cm

◎ 紧密团结 6.3cm×4.6cm

◎ 镂空雕刻 5.5cm×4.3cm

◎ 天然鸟巢 7.5cm×6.5cm

◎ 庆祝焰火 5.5cm×5.0cm

◎ 三维成像 5.5cm×4.5cm

◎ 松花变蛋 8.0cm×6.5cm

◎ 胜似孔雀 3.0cm×3.0cm

◎ 天宫玉树 5.0cm×4.5cm

◎ 佛国仙境 6.0cm×4.0cm

◎ 天画 8.5cm×5.5cm

◎ 天然红宝 4.0cm×3.5cm

◎ 天然石花 9.0cm×7.0cm

◎ 天书 10.0cm×9.5cm

◎ 透雕 6.0cm×4.0cm

◎ 显微镜下 7.5cm×7.0cm

◎ 镶嵌 6.4cm×5.0cm

◎ 镶翠嵌玉 7.0cm×6.0cm

◎ 雄鸡地图 4.5cm×4.0cm

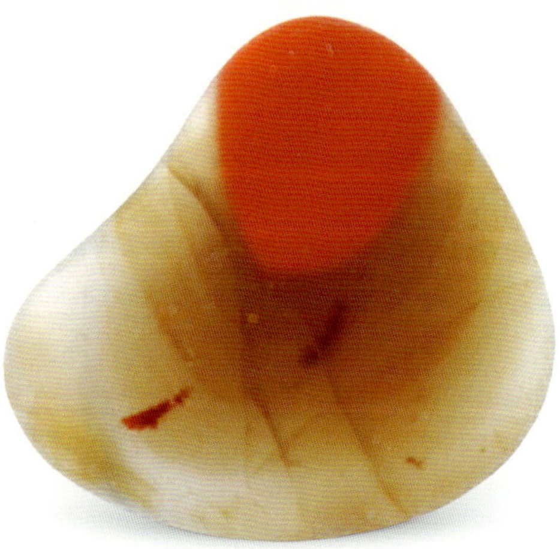

◎ 烟晶点红 3.0cm×2.8cm

◎ 阳刚 6.3cm×4.0cm

◎ 阴柔 5.5cm×4.5cm

◎ 一定好吃 5.8cm×5.0cm

◎ 烛光 3.0cm×2.6cm

◎ 一目了然 4.5cm×3.8cm

◎ 远古岁月 6.5cm×5.5cm

◎ 三色气球 5.5cm×4.5cm

◎ 紫晶之洞 5.0cm×3.8cm

江河湖海

◎ 大海风暴 5.2cm×4.8cm

◎ 高峡平湖 6.0cm×3.5cm

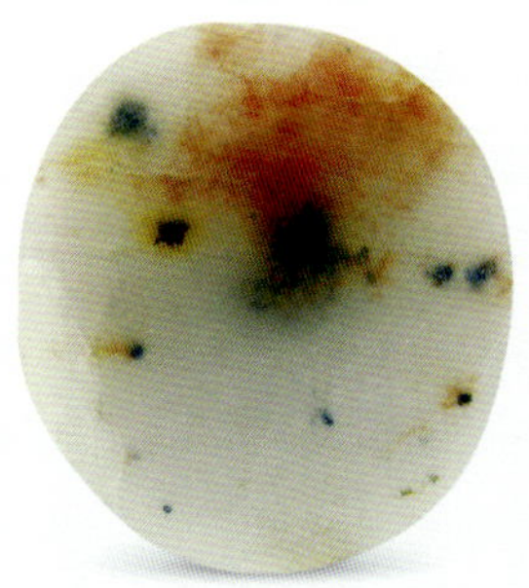

◎ 浮游生物 4.5cm×4.0cm

◎ 池塘一角 5.5cm×4.8cm

◎ 海底红珊 5.5cm×4.4cm

◎ 海滨俯瞰 6.0cm×4.5cm

◎ 红海风情 8.0cm×6.8cm

◎ 海底景观 9.5cm×6.0cm

◎ 壶口涛声 4.6cm×4.2cm

◎ 黄河之水天上来 8.5cm×5.6cm

◎ 天池风光 7.0cm×5.5cm

◎ 黄河鸟瞰 8.7cm×7.0cm

◎ 水下奇观 6.0cm×5.0cm

◎ 彩色珊瑚 4.0cm×3.0cm

◎ 浮萍满塘 10.0cm×8.0cm

◎ 钱塘江潮 5.2cm×4.8cm

◎ 西湖之晨 4.0cm×3.2cm

日月星辰

◎ 东海旭日 4.0cm×3.0cm

◎ 风雨雷电 7.2cm×6.5cm

◎ 风云蔽日 7.0cm×6.5cm

◎ 天降红雨 4.0cm×3.6cm

◎ 气象风云 7.5cm×5.8cm

◎ 日落西山 5.0cm×3.5cm

◎ 日蚀 4.0cm×4.0cm

◎ 蚀 4.5cm×3.5cm

◎ 蚀与环 4.0cm×5.0cm

◎ 水中之月 5.0cm×5.0cm

◎ 太阳回家 5.0cm×4.0cm

◎ 天宫战火 6.0cm×4.5cm

◎ 五彩云飞 4.4cm×4.0cm

◎ 银河夜空 5.5cm×4.0cm

◎ 月上柳树梢头 4.2cm×3.5cm

◎ 月黑风急浪高 3.5cm×3.0cm

◎ 月照冰川 4.0cm×2.5cm

◎ 中秋之月 4.5cm×4.5cm

◎ 月照枫林 5.5cm×4.0cm

◎ 太阳风 3.3cm×2.8cm

◎ 飓风来临 7.3cm×6.0cm

◎ 旭日东升 4.5cm×4.0cm

石韵集锦

◎ 斑 7.5cm×6.5cm

◎ 变 6.0cm×5.0cm

◎ 彩 4.2cm×4.0cm

◎ 层 5.5cm×4.5cm

◎ 裂 8.6cm×5.5cm

◎ 色 4.3cm×3.5cm

◎ 网 8.5cm×6.0cm

◎ 纹 3.8cm×2.6cm

◎ 星 5.5cm×5.3cm

◎ 艳 4.0cm×3.5cm

◎ 宝贵 5.5cm×4.5cm

◎ 韵 5.5cm×4.0cm

◎ 高贵 4.5cm×4.0cm

◎ 苍老 8.0cm×5.8cm

◎ 富贵 4.8cm×4.0cm

◎ 梦幻 6.5cm×5.0cm

◎ 自然 6.0cm×5.5cm

◎ 圆满 3.5cm×3.0cm

◎ 情思 10.0cm×8.0cm

◎ 朴素 6.5cm×6.0cm

◎ 古朴 6.0cm×5.0cm

◎ 光明 4.0cm×4.0cm

◎ 吉祥 5.0cm×3.5cm

◎ 淡雅 5.0cm×4.5cm

◎ 精致 3.5cm×2.5cm

◎ 混沌 9.0cm×7.0cm

◎ 美轮美奂 4.5cm×3.6cm

◎ 古色古香 8.0cm×4.3cm

◎ 流光溢彩 6.2cm×5.0cm

◎ 五彩石矿 6.8cm×6.5cm

◎ 孔雀之衣 10.0cm×7.8cm

◎ 细 5.5cm×4.5cm

◎ 龟纹玛瑙 8.0cm×6.5cm

五颜六色

◎ 红 5.8cm×4.6cm

◎ 蛋白石 6.0cm×5.0cm

◎ 宝石红 6.5cm×5.0cm

◎ 黑与褐 5cm×6.0cm

◎ 黑漆古 5.0cm×4.0cm

◎ 红与黑 4.0cm×3.5cm

◎ 红与紫 7.0cm×5.5cm

◎ 红与蓝 4.5cm×3.0cm

◎ 茄紫斑 7.5cm×4.5cm

◎ 绿如蓝 3.8cm×3.0cm

◎ 鸡油黄 5.5cm×3.5cm

◎ 栗子黄 6.5cm×5.5cm

◎ 绛红 5.5cm×5.0cm

◎ 紫红 7.0cm×5.5cm

◎ 青与绿 4.0cm×3.5cm

◎ 这般颜色 8.4cm×5.0cm

◎ 深红 5.5cm×5.0cm

◎ 天蓝 8.8cm×5.6cm

◎ 光色纹 6.5cm×5.0cm

◎ 火红 7.0cm×6.5cm

西湖十景

◎ 断桥残雪 5.5cm×4.5cm

◎ 花港观鱼 4.5cm×4.0cm

◎ 雷峰夕照 3.4cm×3.4cm

◎ 柳浪闻莺 4.5cm×4.0cm

◎ 南屏晚钟 4.5cm×5.0cm

◎ 平湖秋月 3.5cm×3.2cm

◎ 三潭印月 6.5cm×4.0cm

◎ 苏堤春晓 3.5cm×2.7cm

◎ 阮墩环碧 6.5cm×3.0cm

◎ 曲院风荷 7.3cm×4.5cm

植物王国

◎ 蔽天大树 7.5cm×6.5cm

◎ 出墙红杏 3.0cm×3.0cm

◎ 北国冬树 6.5cm×6.0cm

◎ 叶脉 7.0cm×6.5cm

◎ 枫叶 6.0cm×5.0cm

◎ 链珊瑚 8.0cm×6.5cm

◎ 红树林 4.5cm×4.3cm

◎ 红花似火 4.5cm×4.0cm

◎ 红松盆景 8.0cm×6.5cm

◎ 黄山岩松 8.0cm×6.5cm

◎ 荷塘月色 6.5cm×5.0cm

◎ 柳树一叶 5.0cm×3.5cm

◎ 蒲公英 9.5cm×6.5cm

◎ 千年古梅 11.0cm×10.0cm

◎ 萋萋水草 8.0cm×7.0cm

◎ 牵牛之花 3.5cm×3.0cm

◎ 三色梅 5.0cm×3.5cm

◎ 一叶知秋 7.0cm×5.5cm

◎ 高原地衣 6.5cm×5.0cm

◎ 雨后春笋 4.5cm×4.0cm

◎ 榆树一叶 6.5cm×5.6cm

◎ 水草油油 4.5cm×4.0cm

◎ 香山红叶 6.0cm×4.5cm

◎ 红梅花海 6.0cm×5.5cm

◎ 喜鹊登梅 7.0cm×5.0cm

雨花老人与“寿星”雨花石的故事

八十年代初大学毕业刚工作时，出差路过南京，看到雨花台前的小摊贩摆在碗中的雨花石，竟然有这么漂亮的石头！五颜六色、各种图案、晶莹剔透，叫我难以相信，这是石头吗？印象最深的是看到一块约四厘米长、三厘米宽的晶莹石头，上面一个老寿星的头像，大大的脑袋，眼睛、鼻子、嘴巴、胡须俱全，特别是胡须根根清晰，就像传统画中的老寿星一样，说是名家大师的雕刻作品没有人会怀疑。问价，一约六七十岁的精瘦老头答至少一千元。那时我的工资是四十多元，只能多看几眼。太神奇了，这是我毕生第一次见到雨花石，也是我喜爱雨花石以及后来收藏雨花石的原因吧。

九十年代初，又一次去南京，少不了抽空又去雨花台，低头在摊上看石头，突然一块黄色的寿星老头图案的雨花石吸引了我，这不是我十年前见到的精品吗！抬头看主人，认真回想断定还是那老头，还是那么精瘦精神。问这石头多少钱？答十万，并说有一个美国

著名书法家、中国书画院邓小军院长为醉石轩题词

与原故宫博物院院长、国家文物局长吕济民先生合影

华侨出价五千美金都没卖。还是只能欣赏。大约又过了七八年，再一次逛雨花台雨花石市场，与一摊贩聊起了现在精品少了，我说曾见一老寿星精品雨花石如何好，他说那就是某某某的，卖雨花石的都知道的。我问那老头还在吗？他说在，并指说老人就在市场那头。还在？我在吃惊的同时，赶紧找去，看到一个瘦老头，但是他的摊位前没有老寿星雨花石。便问道，老大爷，有没有更好的精品？答没有。我说很多年前，曾有一老头有一块老寿星石头，不知现在哪去了。那就是我的，他说。算你有缘，给你看看。说着，从腰间解下一黑色布袋，略为颤抖的手从中掏出一石头放在水中，一个黄色的老寿星头像。是它，就是它，还是它！我真的有点不敢相信。我说这么多年了你还没有卖出去？他说，买的人多了，外国人想买的都好多，给我多少钱我也不卖，它是我的护身符，它保佑我到现在都很健康，要保佑我长命百岁。前几年，又去雨花台市场，问起老头和老寿星石头的事。有的说是老头不卖石头回家了，也有说老头可能去世了。“寿星”雨花石也不知去向。还在老人手里保佑着他，是流转到他人手里，还是伴随老人一起去了天国，找到了永恒？！我心里想，不管雨花石老寿星在哪，也不管老人在哪，我为这一段人石奇缘感动，也为老人祈祷祝愿。

故宫博物院著名书法家王忠平先生题词

著名书法家、原故宫博物院副院长杨新开先生为“醉石轩”题名

与外国朋友在泰晤士河的船上讨论石头收藏

我与三峡雨花石

大学毕业，被分配到了江汉油田。山东人，初到湖北，很不习惯。除了工作，很是无聊，用现在的话说叫郁闷，由于生活和气候不适应，对湖北也没有好印象。是三峡的雨花石给了我乐趣，也使我喜欢上了湖北，使我喜欢上了野外的石油勘探工作。

工作后不久，一天看到住家附近运输队为修路运来了好多鹅卵石，下雨后看上去有些石子五颜六色的，还有许多有图案和花纹，我就弯腰挑了起来。捡了几块，突然发现了一枚晶莹剔透的，像南京的雨花石。于是就一发而不可收拾，清晨一早去找石头，下班只要天还不黑就去找石头，特别是下雨之时，水一冲石头的纹理、图案更加清楚，颜色更加鲜艳，是找石头的好机会，此时更是穿上雨衣雨靴，冒雨去捡。施工现场值班人员看到我老在石头堆里翻，开始奇怪，后来以为我有毛病，再后来就义务帮我找，再再后来就要拿东西换甚至拿钱买他们手中的“珍品石头”了。此处工程施工完后，我就循着施工队到别的工地去淘宝，然后就跟踪到了汉江边的红旗码头石料场，再后来就溯源到了宜昌玛瑙河挖砂现场，到了长江三峡地区，寻石的视野越来越宽，找石地域越来越广，结识的石友越来越多，自己的藏品越来越丰富。十几年后，蓦然回首看看自己的收藏规模，听听别人的赞赏，想想这不过是当初自己的一点业余爱好。感悟到：人生做事，贵在坚持。

2003年在三峡野外寻石

书房中的石头藏品

外国人也喜欢海滩的石头

发现“神猴”

大约是一九九一年底，写工作总结直到凌晨三点多，倦意袭来，为提神又去欣赏养在笔洗中的几块石头。其中一块，像月饼大小，是一块红色玛瑙石，借着灯光，看到石中好像有一个老猴在瞪眼看着我，我吃了一惊。揉眼仔细观看，天哪！真是一个猕猴，毛茸茸的脸，眼耳鼻嘴俱全，嘴里还含一根草，小眼圆睁，炯炯有神。一个老谋深算的神猴！两边的图案，似拉开的帷幔，云雾中可见一个“神猴出世”。这块石头，我已经玩了多年，仅放在桌头的笔洗中就已经二年了，几乎是天天看它，我怎么会没有发现？现在给人介绍，没有人说不像的。平时只是感觉这块石头好看，细细评价也就是颜色漂亮，温润晶莹，有点缥缈虚幻的图案，没想到还有一个这么明显的“神猴”。体会：赏石的艺术就是发现的艺术真有趣。

陋室中的藏石架

2001年在新疆野外寻石

河里可能有好石头

本人收藏的红方解石

赏石起名犹如画龙点睛

一块石头，取个恰当的名字，就像一幅画的点睛之笔。有些石头，看似好看，没有合适的名字，就不会出味。一旦有个合适的名字，就会使欣赏价值倍增。例如，我有一石，十几厘米见方，颜色有些黯淡，画面有些恐怖感，也有些零乱。一直在我的石头等级里面被打入另类或等外品的。有一次出差到青岛在海边观景，突然狂风骤起，黑云密布，海浪汹涌，海鸟在惊恐地飞着、叫着，我赶紧往回跑。还没有赶到宾馆，一会又雨过天晴，云开日出。此情此景使我想到了高中时学过的课文，并且是老师要求背诵的高尔基的名著《海燕》，回去又温习了一遍该名著，印象更加深刻，同时也想到了我的那块被打入另册的石头。

出差回到家赶紧把石头找出来，哇！简直就是一幅油画的“海燕”。有密布的乌云，有翻滚的海浪，有俯冲的海燕，有云后刚露脸的太阳。我自觉不自觉地背诵出：“在苍茫的大海上，狂风卷集着乌云。在乌云和大海之间，海燕像黑色的闪电，在高傲地飞翔。一会儿翅膀碰着波浪，一会儿箭一般地直冲向乌云，它叫喊着　　”“在这叫喊声里——充满着对暴风雨的渴望！在这叫喊声里，乌云听出了愤怒的力量，热情的火焰和胜利的信心。”“这个敏感的精灵，——它从雷声的震怒里，早就听出了困乏，它深信，乌云遮不住太阳——是的，遮不住的！”“暴风雨！暴风雨就要来啦！这是勇敢的海燕，在怒吼的大海上，在闪电中间，高傲地飞翔；这是胜利的预言家在叫喊：——让暴风雨来得更猛烈些吧！”

现在，这块石头已经列入了我的藏石精品行列。

同样，几经反复命名的“春风吹又生”、“鉴真东渡”、“东方红太阳升”、“塞外秋风”、“米芾拜石”等都是经历了类似的欣赏认识过程而成为我喜爱的藏石的。

本人收藏的天然玛瑙葡萄

我所收藏的天然火山石“宝葫芦”

本人收藏的天然石画“太公钓鱼”

附：海燕（高尔基）

在苍茫的大海上，狂风卷集着乌云。在乌云和大海之间，海燕像黑色的闪电，在高傲地飞翔。

一会儿翅膀碰着波浪，一会儿箭一般地直冲向乌云，它叫喊着，——就在这鸟儿勇敢的叫喊声里，乌云听出了欢乐。

在这叫喊声里——充满着对暴风雨的渴望！在这叫喊声里，乌云听出了愤怒的力量，热情的火焰和胜利的信心。

海鸥在暴风雨来临之前呻吟着，——呻吟着，它们在大海上飞窜，想把自己对暴风雨的恐惧，掩藏到大海深处。

海鸭也在呻吟着，——它们这些海鸭啊，享受不了生活的战斗的欢乐：轰隆隆的雷声就把它们吓坏了。

蠢笨的企鹅，胆怯地把肥胖的身体躲藏在悬崖底下……只有那高傲的海燕，勇敢地，自由自在地，在泛起白沫的大海上飞翔！

乌云越来越暗，越来越低，向海面直压下来，而波浪一边唱歌，一边冲向高空，去迎接那雷声。

雷声轰响。波浪在愤怒的飞沫中呼叫，跟狂风争鸣。看吧，狂风紧紧抱起一层层巨浪，恶恨恨地将它们甩到悬崖上，把这些大块的翡翠摔成尘雾和碎末。

看吧，它飞舞着，像个精灵，——高傲的、黑色的暴风雨的精灵，——它在大笑，它又在号叫……它笑那些乌云，它因为欢乐而号叫！

这个敏感的精灵，——它从雷声的震怒里，早就听出了困乏，它深信，乌云遮不住太阳——是的，遮不住的！

狂风吼叫……雷声轰响……

一堆堆乌云，像青色的火焰，在无底的大海上燃烧。大海抓住闪电的箭光，把它们熄灭在自己的深渊里。这些闪电的影子，活像一条条火蛇，在大海里蜿蜒游动，一晃就消失了。

——暴风雨！暴风雨就要来啦！

这是勇敢的海燕，在怒吼的大海上，在闪电中间，高傲地飞翔；这是胜利的预言家在叫喊：

——让暴风雨来得更猛烈些吧！

我的石架之一

我所收藏的火山石“镶金嵌翠”

我所收藏的天然石头“2008”

夕阳西下，断肠人在天涯

雪山下、草原上有没有好石头？

一天，得一石头，拳头大小，黑白画面，感觉有树有草，似有个人站在山头，山下方有个圆圆的球。只是觉得好看，说不出好在什么地方，也没有找到合适的名字。一天，请一老教授总工程师赏石，他看着一桌的石头，指着说这块最好。他问我起了什么名字，我一连说了几个，他都摇头。他说我给它起个名字叫“断肠人在天涯”。

“对，对。”我忙应道，想起了元代著名杂剧、散曲家马志远的“天净沙·秋思”。“这是枯藤，这是老树，还有昏鸦。”我一面在石头上找，一面说着。“这是夕阳，这是断肠人。”他又接道。我们在石头画面上又发现了古道。然后，你一句、我一句，我俩背起了：“枯藤老树昏鸦，小桥流水人家，古道西风瘦马。夕阳西下，断肠人在天涯。”我俩开心地笑了。我说：“还是老总博学多才，虽然您是搞工程的，但是中国文化的底子也非常深厚，你这一个命名，使这块石头的价值猛增数倍。”

我们“文革”中上学的人，都没有学过这些现在小学课本里都有的中国文学经典的内容。我是在女儿的语文课本里看到“天净沙·秋思”这首词的，当时给了我极大的震撼，这么优美的词句，古人是怎么想像和提炼出来的？其描述的意境，又是一幅什么画面才能表达的呢？这个问题一直困扰着我。看了这块石头的画面，结合老教授的命名，我有了答案，这块亿万年前天然形成的石头，就是对这首词的最好诠释。

英国海边的石头

与我国著名临摹画家祖莪赏画论石

与英国帝国理工大学地质学教授在野外考察

在英国的猎石经历

在英国帝国理工大学进修时，周日约同学一起去海边玩，英国的地质老师也一同前往。在路上老师说海边全是鹅卵石，有很多的色彩。一下把我的石头瘾勾了起来，在英国近半年没有看到石头了，正有些郁闷呢，如果在英国海边能够捡到几块中意的石头，那可太有意义了，想着不由得一路兴奋。

到了海边，果然满海滩都是鹅卵石，老师说英国本土没有这样的石头，这些鹅卵石是从大洋的对岸被海浪搬运过来的。颜色虽然不很单调，但是细腻、温润、透明度比起国内的雨花石来就差远了。不管怎么说，先去淘一下。于是就脱下鞋袜提在手中，赤脚在海边低头弯腰寻了起来。在我的带领下，同学们都满海滩找石头。大家边找边讨论，这个说他发现的石头图案像什么，那个说他捡的石头形状像什么，并纷纷送给我。不一会工夫敛了一大堆，手里都提不了了，也没有特别中意的，只好用黑瞎子掰棒子策略，捡了新的丢了旧的。休息时，再一次精选时，看到一块石头上的图案不由眼睛一亮，干净的石头画面上有一人正在岸边远望，那不就是我当时的心情吗？在外学子遥望祖国，它是就是本书里的“向往”。还有一块是“牵牛花”，石头画面上长长的藤蔓，还有一片形象的牵牛花叶，令我高兴不已。在国内从小就喜欢牵牛花，美丽的颜色，到处可以生长，结的花籽还可入药，在英国许多地方也发现了它。石头上的牵牛花，长长的藤蔓牵起了中英两国人民的友谊。至今，看到这两块石头，都会联想很多。

返回的路上，跟英国朋友谈起了赏石文化，西方人也爱藏石，他们更喜欢收藏的是化石和矿物石。我告诉他们中国的赏石历史已有几千年了，中国人更喜欢的是图案、形状、象形、象义，并讲不同种类石头的鉴赏标准不一样，搜肠刮肚地找词翻译赏太湖石讲究“瘦”、“漏”、“空”、“透”、“皱”等特征，听得他们目瞪口呆，只叹中国文化太神奇了。

寻到“宝贝”时的兴奋

在新西兰野外拣石累了小歇

在英国海边寻“宝”

西湖和西湖宾馆的意外收获

一次，在杭州西湖宾馆开会。听说毛主席曾在西湖宾馆住过，并有毛主席读书的地方。休会期间，就去参观。

主席在杭州西湖的1号楼的行宫、中美联合公报的发源地的西湖水上八角亭、毛主席当年赏雪品桂处、老人家的读书亭，看着眼前的景象，一代伟人的丰功伟绩和那段波澜壮阔的历史仿佛就在眼前。在宾馆外，有许多盆景，硕大的花盆里放了些雨花鹅卵石，出于我的爱好习惯，就逐个花盆看了起来，潜意识是想发现块喜爱的石头。突然，一块圆圆的浅红色的鹅卵石吸引了我的眼球，拿起来一看，上面一轮红日在海上喷薄而出，冉冉升起，这不就是一代伟人的最好写照吗！这块石头就是“东方旭日”。

接下来的几天，游了西湖。看了那山，那水，那堤，那树，那鱼，那鸟，那塔，那岛，那花，那桥，想起了我的雨花石。于是就有了我的西湖十景“苏堤春晓”、“曲院风荷”、“阮墩环碧”、“平湖秋月”、“柳浪闻莺”、“花港观鱼”、“雷峰夕照”、“断桥残雪”、“南屏晚钟”、“三潭印月”。

与著名故宫博物院画家常保立一起读石论画

我所收藏的天然卵石“东方红，太阳升”

日出

桌别林礼帽

有阴就有阳，天人原合一

广东韶关市东北部的丹霞山的阳元石、阴元石已是闻名于世。全国各地陆续发现的阴阳石已不在少数，大的可以是两座山峰，两块巨石，小的可以是案上、手中的把玩件。我所收集的两对阴阳石不可谓不奇。上个世纪八十年代末在湖北时，一次约了几个朋友一起去清江河里捡石头，前面的人正在感叹没有发现好石头的时候，我见了一块看似棒槌形状的石头，休息时大家纷纷议论起名，有人说像个男根。另一人说刚才有块石头像个女阴，我们又回头去找，没多远我发现一块似拳大小带一个洞的石头，朋友看了说就是这块，他仔细看了一下说像个女性的臀部，他将两块比划着居然正好可以套在一起，大家纷纷感叹阴阳合一，天作之合的道理，并起名叫“生命之源”。在我收集的鹅卵石中有一块长不足十厘米，细长一头长蘑菇伞状的有点发绿色的玛瑙石头，开始我起名叫蘑菇。在后来在大家品石的过程中有人发现还有冠状沟，说像男人的生殖器，就叫“雄起”。玩笑归玩笑，此石在我的石头堆里一放就是十多年。九十年代末，一次在北京大观园看石展，其中有南京来的雨花石商参展，其中一块象鲍鱼状的红色玛瑙雨花石引起了我的注意，感觉可以和我的“蘑菇”配对，经过砍价买回家后找出原来的“蘑菇”放在一起，天然一对。这就是书里的“阴柔”与“阳刚”。

曾经在圣彼得堡去出差顺道淘过石头

在北京郊区捡石头

圣诞狗

十八相送

奇石与奇事

由于工作原因，在迪拜呆了几个月。那里只有沙子与高楼，没有石头，业余生活很郁闷。回国后与朋友聚会，谈起了石头，十分兴奋，要求酒后到我家去赏石。晚饭后，到我家已经晚上十点多了，看了我收藏的三峡雨花石，赞叹不已。一位朋友王海生说，他最近遇到了一件事，让他困惑，又让他兴奋。说是他最近搬了新房，买了个鱼缸，里面有些鹅卵石子，其中一块有他的名字。我顺口说，你可要小心，奇石也有造假的，特别是文字石。他说找几个专家看过，都说是真的，再说石头是卖鱼缸的人送的，不是买的，石头上的文字是他后来给鱼缸换水时才发现的。在大家的质疑中，他详细地描述了发现该石的过程。他说有一天他给鱼换水，从鱼缸中拿出来一块小拳头大小的鹅卵石后无意中发现上面有一个很规整的“王”字，翻过来后一看，又有一个“牛”字，再仔细一看其实是个“生”字，只不过底下的一横细了点，颜色淡了一点，还是个很规整的“生”字。待他收拾完后，拿起石头来再度欣赏，同时也纳闷怎么这么巧，一块石头上有我王海生名字中的两个字，不会还有个“海”字吧？再仔细一看，天哪，石头的侧面还有一个草写的“海”字，这下连他自己都不相信了。怀疑是卖鱼缸的人作假，或是有求于他，故意设计的。他找到卖鱼缸的那人，那人矢口否认，说的确不知道，并有点害怕地说，如果是个不吉利的事，就把它扔了吧。看来不是卖鱼缸的人故意所为。他又请教了几个藏石界的名家，看了都说是真的、天然的，并说这是好运的预兆。那些天他都处于极度的兴奋之中，吃饭、睡觉、工作都将石头带在身边，经常半夜醒来，从枕头底下掏出石头来，打开手电看一看，再捏捏自己的大腿疼不疼，以便确信不是在梦中。他说那一年无论在工作中还是在生活上，他的运气都相当的好。听了以后，大家还是半信半疑，不顾已经半夜了，又长途去他家亲自看看这块奇石。下半夜才到他家，拿出石头一看，以我几十年藏石赏石的经历，我敢断定这是真的、天然的、带有“王、海、生”三个字的卵石。我相信了，这就是缘分。在奇石收藏界都讲究石缘，我遇到的收藏中的巧事很多。例如：湖北的一位藏友，收集了马克思、恩格斯、斯大林、毛泽东的头像奇石，唯独列宁的头像苦苦寻了多年也没有找到。一次他到北京出差，看到一片工地有一堆鹅卵石，习惯使他凑过去想发现点什么，结果一无所获。正要转身离开时，一不小心，滑了一跤，手一着地恰好扶在一块石头上，顺手抓起来一看，列宁头像。就这样，配齐了一套收藏品，并在全国石展上展出获得了大奖。还有一位石友，收集了一套十二生肖，独缺鸡的图案，一日领着小孙女在江边玩，小孙女蹦蹦跳跳在路边捡起一块石头，说爷爷找的大公鸡。这位石友一看，果真是一只雄赳赳的大公鸡图案，石头的大小，颜色恰好合适，就这样凑齐了一套难得的生肖石。在一块石头上，有主人姓名的三个姓名字，且一个字不差，还没有听说过，也太奇了！但这是真的。真人！真事！